中国古代科技历史档案

印刷术

四大发明的古往今来

张文杰　杨迎春　孙　扬◎编著

曾博文◎插图

上海交通大学出版社
SHANGHAI JIAO TONG UNIVERSITY PRESS

内容提要

本书从中国古代四大发明出发，以四个分册分述四个发明，每个发明从九个方面展开叙述，把中国古代四大科技发明故事化、演绎化、趣味化，并配漫画以图文并茂的形式展现。 主要内容包括造纸术、印刷术、火药、指南针的发明历程与推广应用故事，以及后来的传播、技术改进、历史贡献及流传至今的技术创新等。 本书读者对象为广大青少年学生及科普爱好者。

图书在版编目(CIP)数据

四大发明的古往今来.印刷术/张文杰，杨迎春，
孙扬编著.—上海:上海交通大学出版社,2022.7（2023.12重印）
　ISBN 978 - 7 - 313 - 26718 - 4

　Ⅰ.①四… Ⅱ.①张…②杨…③孙… Ⅲ.①技术史
－中国－古代－青少年读物②印刷术－技术史－中国－古
代－青少年读物 Ⅳ.①N092 - 49

中国版本图书馆 CIP 数据核字(2022)第 105217 号

四大发明的古往今来(印刷术)
SI DA FAMING DE GUWANGJINLAI(YIN SHUA SHU)

编　　著	张文杰　杨迎春　孙　扬		
出版发行	上海交通大学出版社	地　　址	上海市番禺路 951 号
邮政编码	200030	电　　话	021 - 64071208
印　　制	上海景条印刷有限公司	经　　销	全国新华书店
开　　本	880mm×1230mm　1/32	总 印 张	11
总 字 数	147 千字		
版　　次	2022 年 7 月第 1 版	印　　次	2023 年 12 月第 2 次印刷
书　　号	ISBN 978 - 7 - 313 - 26718 - 4		
定　　价	68.00 元（共 4 册）		

序

Foreword

　　勤劳智慧的中华民族创造了灿烂的古代文明，曾是先进生产力与先进文化的代表，从汉、唐到宋、元、明、清，保持了1000余年的世界强国之位。然而在清朝后期，中华民族落伍了。当今时代，中华民族走上了伟大的复兴之路。追溯古代兴盛与文明，汲取创新源泉，具有重要的现实意义。

　　中国古代科技发明创造众多，其中四大发明无疑是最为璀璨耀眼的明珠，是祖先传给我们的最为宝贵的精神财富，是先进生产力和创新之源泉。

　　四大发明源于生产和生活，折射了古代劳动人民善于观察，勇于创造的精神。古人利用地球大磁体（地理的南极与北极分别为地磁体的北极N与南极S）与小磁体之间异性磁极吸引、同性磁极排斥的特性，造出了静止时两个磁极指向南北方向的指南针，最早的指南针叫司南，产生于战国时期。发明于西汉初期，后经东汉蔡伦改进后的造纸术利用树皮、麻头、粗布、渔网等经过制浆处理得到植物纤维纸，史称"蔡侯纸"。蔡侯纸因材料经济易取，纸质光滑细腻，一经推广便盛传开来，是书写载体的伟大变革。火药的发明很有戏剧性，它是古代炼丹家在炼制长生不老仙药过程中因操作不慎而致的副产品，诞生于隋代，刚开始只是用于烟火杂技，北宋初开始用于军事。北宋的毕昇在唐代发明的雕版印刷术的基础上，反复研究实践，最终发明了活字印刷术，成为印刷史的伟大技术革命。

然而，中国四大发明的提出，却出自外国人，可见其影响之远。英国哲学家、实验科学的始祖弗兰西斯·培根曾说："印刷术、火药和指南针这三种发明将全世界事物的面貌和状态都改变了，从而产生了无数的变化：印刷术在文化，火药在军事，指南针在航海……历史上没有任何帝国、宗教或显赫人物能比这三大发明对人类的事物有更大的影响力。"这一说法后来得到了马克思的肯定，他评价说："火药、指南针、印刷术——

这是预告资产阶级社会到来的三大发明。火药把骑士阶层炸得粉碎,指南针打开了世界市场并建立了殖民地,而印刷术则变成了新教的工具,总的来说变成了科学复兴的手段,变成对精神发展创造必要前提的最强大的杠杆。"20世纪40年代,英国科学家李约瑟实地考察研究了中国科技史后,在火药、指南针、印刷术三大发明的基础上补上了"造纸术",提出了中国古代"四大发明"的观点,自此广为流传至今。

四大发明及其在世界的传播,对于世界文明的发展起了巨大的推动作用,这是中华民族对世界做出的卓越贡献,是中国人引以为傲的科学成就,其中蕴涵的古人智慧与科学精神是滋养当代青少年成长成才的精神食粮,是激发创新思维的力量源泉,值得代代传承。

《四大发明的古往今来》一书突破常规的理论知识说明式的描写手法,通过创设古代劳动人民为解决当时生产生活难题而思考研究的故事情境,对四大发明进行了追根溯源,将造纸术、印刷术、火药、指南针的发明、发展、传播及影响演绎为故事,以新的视角回望中国古代发明,情节生动有趣,便于读者理解与识记。这

序

是一种创新写法，适合青少年的科学普及与科学精神教育。 因此，《四大发明的古往今来》是作为中小学生素质教育读本的不错选择。

当代青少年肩负实现中华民族伟大复兴之重任，了解中国古代科技文明，有助于激发民族自豪感，增强中华民族文化自信，积聚科技自主创新和自立自强之力量。正所谓——

中华复兴起宏图，自主自立自强书。

造纸有术源中土，活字印刷传经著。

火药意外成黩武，磁针指南新航路。

四大发明曾耀祖，熠熠光芒照今古。

中国科学院院士

2022 年 3 月

前言
Preface

　　编写一本反映我国古代科技文明的普及读物，是笔者一直以来的愿望。

　　"四大发明"是中国古代科技创新皇冠上耀眼的明珠。它发明于中国，发展了中国；它传播于世界，改变了世界。造纸术更新了记录模式，印刷术创新了书写历史，火药刷新了文明进程，指南针肇新了全球方位。因而，四大发明，它不只是一个个的小发明，也不只是对一个小的领域、小的方面的一些改进，而是一个个推动社会发展进步的大变革。

　　《四大发明的古往今来》每一分册开篇创设了以某原始部落三个家庭为主的故事主人公颛苍、以鸷、冀炼、青瑛子、峨枒与相关群体，演绎了他们的日常生活与团结协作，以及随着生活生产的发展，上古人在那个没有指南针、没有纸笔、没有印刷、没有烟花火药的年代，所面临的种种难题和他们想要改变现状的思考⋯⋯

造纸术，是古人智慧生活的结晶。睿智的蔡伦，有着喜好钻研，以发明创造改善生产生活环境的优良品格，归纳诸多"造纸"民方民法，多方试验，终于以"蔡侯纸"的发明，让人们不再用刀刮骨刻石或在墙壁上涂抹。一张张轻纸，一本本薄卷，代替了洞窟石壁和汗牛竹简。

印刷术，是古人改善劳作的成就。有心的毕昇，专心于工作，用心于生活，在孩童们的摆家家玩乐中，想到了把雕版印刷中的"死"字变"活"，终于以"胶泥字"的发明，让人们不再有因刻坏了一个字而废掉一个整版的烦恼。一块胶泥，一版活字，使刻版印制变得简约。

火药，是古人无心插柳的收获。任谁也不会想到，火药的发明，不是军工专家的专利，而是江湖术士、悬壶医家的"杰"作。木炭、硫黄和芒硝，本为炼制长生不老丹，却不料成为黑火药。一撮火药，一支火箭，将千百年雄霸的冷兵器时代改变。

指南针，是古人劳动偶得的硕果。采玉人发现了磁石，掠宝人发现了磁石的指向性，司南、罗盘、指南针，成为指引人们行动方向的新发明，让人们不再因没有太阳、没有月亮、没有星星而路途迷茫。一枚磁针，一个方向，让天涯海角变得有边有沿。

这便是《四大发明的古往今来》逐篇逐章体现的历史知识、精彩故事和伟大显现。

本书对于每个发明都不仅讲古，而且叙今。从蔡伦造纸到当代低碳环保造纸，从毕昇的活字印刷到当代王选的激光照排，从火药武器到原子炸弹，从司南罗盘到北斗导航，无一不彰显"四大发明"饱含中国智慧和中国精神，更是古往今来始终产生价值，一直促进经济发展和文明进步的伟大发明。

四大发明是特定历史时期人们为生产生活所需而探索创造的产物，不仅有知识，更有方法与精神。本书通过故事演绎方式来讲述四大发明的历史进程及其对当今科学发展的影响，融知识性、历史性、辩证性、故事性、趣味性于一体，旨在使青少年在轻松阅读中学到知识、拓展思路、掌握方法，从而提高兴趣与科学素养，并树立自主、自强、自立的信念和决心。希望本书能带给读者充满知识性、想象力和人文气息的科学之旅。

　　限于笔者的视野与知识水平，本书存在的不妥与疏漏之处，敬请广大读者朋友批评指正。

Contents

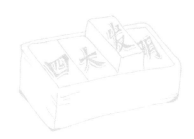

1

刻石留印

古人天然是画师，记事画墙壁。

画瓜果，画鸟鱼，画劳动成果真有趣。

物少只需画几笔，物多满墙隅。

印刷术

上古时代，吾嘉部落的生活简单而幸福，先民们晴天外出打猎、采摘，雨天就在洞里玩乐、聊天。

这一天，风和日丽，颛苍约了以鸷、冀炼一起去叉鱼。原本，颛苍的特长是打渔，他们家喜好吃鱼，天天有吃不完的鱼。以鸷的特长是打猎，他们家喜欢吃肉，天天有吃不完的肉。冀炼既不会打渔也不会打猎，只能每天带着老婆青瑛子山前山后寻些麦粒果实充饥，由于他们很勤劳，洞里也有吃不完的粮食。

虽然，他们各家只有一项特长，但他们从来不会让生活单调。颛苍经常拿鱼去以鸷家换点肉，去冀炼家换点果子；以鸷经常拿肉去颛苍家换几条鱼，去冀炼家换点米；冀炼经常拿果子去颛苍家换鱼，去以鸷家换肉。所以，别看他们生活在远古年代，其实日子过得还挺丰富。

他们还有一项值得称道的事情，就是经常协作，或者去打渔，或者去打猎，或者去采果子。今天一起去叉鱼，就是颛苍事先探好了渔情，算好了日子，特意安排的。

前溪的水已经退了三天，好几个回水湾浅得刚没过脚脖子。随着太阳渐渐升高，回水湾里的水慢慢晒得热乎起来，于是溪里的鱼便几条一伙、十几条一群地，从溪中央嗖嗖地窜进浅水滩，这里好似温泉般舒服，鱼儿们享受着快乐的时光。可是它们不知道，颛苍、以鸷、冀炼早已在这几个回水湾里等着它们了。只见颛苍手一扬，一柄木叉飞出去，那叉毂的一下就穿水而入，直接插进鱼身。等木叉漂在水面时，叉尖上一条大鱼正在不停扭动，但它无论怎样也是逃脱不了了。就这样，颛苍一叉一条鱼，叉叉命中。以鸷有打猎的基础，对叉鱼不外道，三四下就能叉中一条鱼，战果也不错。学得慢的是冀炼，不但一条鱼也没叉着，有一次飞叉时，还把自己一起带入水中，挂着叉从水里爬出来，像个落汤鸡。

这一天收获颇丰，每个人分到十二条大鱼。

印刷术

中国古人飞叉捕鱼，团结合作，大家有鱼吃。

回到洞里，颛苍把鱼交给老婆峨杕。峨杕非常开心，从火堆里抽出一根焦黑的木棍，在石壁上画起鱼来，一条鱼，两条鱼，三条鱼……然后，她又找出平时刻画用的尖利石块，一下一下敲打刻画起来。最早时，峨杕只用烧黑的木棍将图画在壁上，后来发现时间久了图就没了，于是峨杕将画好的图再用石块刻出图形，有的还要涂上颜色，那图就永久地保留在石壁上了。

现在，颛苍家洞里的石壁上，刻满了鱼，鲤鱼、鲶鱼、胖头鱼、白条鱼……要知道，峨杕记录自己家的收成从来不怠慢、不打折，一笔一画，画得很认真，刻得很用劲，于是，家里的石壁不过几年就成了一幅鱼谱图。颛苍吃饱喝足时，经常会对着石壁傻乐，不知他是看着这么多鱼乐鱼，还是看着这么大一张画乐画。刻画十二条鱼可不是一件轻松的事。上一次颛苍打了五条中不溜秋的小鱼，峨杕就花了一顿饭的工夫，这次的鱼不仅多，而且比上次的大，种类还多，这可让峨杕费了好多神。从太阳落山开始，刻画了一顿饭工夫，才完成了三条，又用了一顿饭工夫，

到了鱼获的记账环节，峨枒费力又费神。

刻画完五条半。 这次的渔获，峨枒一直刻画了六顿饭的工夫才彻底完成。

峨枒刻画完鱼时，颛苍已经睡醒两觉了。 看着老婆那么辛苦，颛苍说："你弄那么认真干什么，大概像条鱼就行了。"峨枒说："不行，刻画得不认真，就不像鱼了，会和其他的混淆，认不清的。 要是能有一种办法，直接用巴掌在刻画好的一条鱼上拍一下，然后在空白的石壁上拍一下，鱼就在上面了，那多好呀。""咦？ 你的这个想法太奇妙了，要真的有这么个东西，那样不就省时省力了吗？ 只要做几个种类的样板，不管有多少条鱼，就在石壁反复拍几下不就好了！"颛苍高兴得叫了几声，随即他又陷入了深思，这是个什么东西呢？

峨枒刻画在石壁上的图案就是现代人在岩穴、石崖上发现的古人用来记录生活、描绘愿望的印迹，称为岩画。 在文字发明以前，人类用以传承文明，记录历史的文献便是这些刻在荒古岩石上的岩画，岩画遍及世界各地，尤其在中国、印度以及欧洲和非洲较为常见，据说最早的岩画距今已有四万年的历史。

1
刻石留印

2
复制漏纹

古人生活不单调，陶罐表面不粗糙。

花朵吐芬芳，鱼儿出水跳。

古人生活不单调，布衣有纹也花俏。

红花绿叶景，日月风雨娇。

峨枒的愿望，或许就是在她的那个时代的某年某月某日，被某个人的一个发明实现了，而这个发明就是陶器印纹。

制陶，是人类最早为了解决生存问题而制造器具的技术之一。又回来的鱼、打回来的羊、摘回来的豆，放在陶盆里煮熟，比起生吃来既可以有更好的味道又可以让人们少生病；用陶罐储水，既不担心断水又可以久存不变质，陶器逐渐成为人类生活中常见常用的工具。慢慢地，人们不再满足于简单的粗糙的光面的陶器，都想着要是能在陶盆、陶罐的表面制上图案，比如一条鱼、一朵花、一枝谷穗，哪怕是几个圆环或者三角形，也比什么都没有更好看。于是，为了满足人们多样化的对美的追求，制造出有图案花纹的陶器，成为对制陶术提出的新要求。

用模具在陶罐上印图可使陶罐批量产出，乐坏了手艺人。

这难不倒聪明的古人，他们很快发明了一种复制图案的技术：先做一个有图案的器具，再用器具将图案按印在陶坯上，然后进行烧制，这样，一个带图案的陶器就制成了。而这个器具可重复在陶坯上按印图案，能使烧制出来的陶器上的图案一模一样，实现了批量生产。

随着时代的变迁，生活的改变。人们生活中的器物越来越多，也越来越要求图案的丰富，于是不仅在陶器上，青铜器及其他可铸制的器皿上，都印上了人们的喜好、愿望。早期，日月星辰，山川河流，花鸟鱼虫，草树人兽，人们常见的自然景物，被印在器具上；后来，祈盼风调雨顺、安宁祥瑞、如意随心的雨打荷叶、旭日东升、蝠（福）鹿（禄）有鱼（余），当然还有寓意丰富的文字，成为人们的喜好；再后来，生活画面、场景、故事，甚至连环图文，也成为人们希望出现在器物上的图纹选材。制造一个或有限的几个器物，可以刀刻手绘，但是批量生产，就不是人工一件复一件地短期能够完成的了。于是，复制，成为古人实现在器物上赋予人们美好生活追求的先进技术。

汉代衣服上美丽的图案也有模具——汉代的"漏版"。

以青铜器为例，我国的青铜器因造型丰富瑰异、制作精湛、图案精美绝伦而享誉世界。 青铜器上的繁缛花纹图形是通过一种称为"模铸法"的特殊铸造工艺形成的。"欲铸青铜，先制泥范"，即泥制的模具。 柔软的泥范特别适合雕刻各种图案，先在泥范上雕塑各种图纹，做成母模，然后将母模阴干后再烧制，便做成陶范，最后将合金浇注入陶范成型，脱范后再经打磨加工后即铸成图案凹凸起伏的青铜成品。 陶范可多次使用，实现了带有精美图案的青铜器的批量制作。

最晚大约至汉代，古人复制图案的技术又有了极大进步，可以在绢帛、布料上复制彩色图案，这让那个时期人们的生活增加了丰富的生活点缀和极大的情趣。 工匠将大小不同规格的模板，打上不同形状的孔洞，制成漏板；将漏板遮覆在绢帛、布料上面，然后将调制好的各种色调的颜料，通过漏板漏在绢帛、布料上，于是印有各种美丽图纹的绢帛、布料就制成了。 这个"漏板"成了可以不断重复利用的"漏版"。 漏版技术，让人们的生活就此五彩缤纷起来。

3 印章拓碑

小小一枚章，几字容万方。

大大一块牌，符咒不嫌长。

印刷术

　　模具复制，漏版漏制，古人的智慧极大地促进了生产力的发展，同时让生活变得越来越丰富多彩。 在陶器、铜器、石器上复制图纹，在绢帛上漏制图案，在广泛使用这些复制、漏制技术的同时，人们不断摸索新的复制图文的方法。 于是，印和拓，两种新的技术使原来的模具、漏版复制变得简单起来。

　　古人发现，将图文复制在器具上，无不是将模具上的图纹一模一样地显现出来，就好像拿着一个个的模具一下一下地将图纹印制在器具上。 其时，印章早已在我国流行。 于是人们想到，把模具复制和印章印制结合起来，一定能够很好地简化复制的过程。

　　印章作为人们生活中的重要之物，是从战国时代开始使用的。 那时，印章分为两种。 一种叫玺，是皇帝的御用之物。 但凡皇帝颁布命令，诏书上国玺

（多用金或玉制成，所以也称为玉玺）一盖，所到之处，犹如皇帝亲临亲言，万民无不顶礼膜拜、坚决执行，不敢有丝毫怠慢或打折扣。 一种叫印或章，是臣民百姓用的。 大抵官方的叫印，俗称官印，而老百姓用的叫章。 老百姓的印章就没有皇帝玉玺那么讲究了，金、银、铜、铁、玉、石、骨、木等，都是制印的材料，其中以铜为最多。 最早的印章多是刻进去的凹文，也叫阴文，一般用于封泥盖章，起保密、记号作用。 后来，随着纸业发达，水印逐渐代替封泥，这时的印章开始刻制为凸文，也叫阳文。 阳文印章不断发展，人们创造了以反刻文字得到正字的刻字方法，从而发明了从反写文字得到正写阳文的复制技术。

小小的一枚印章一般只能刻几个字的姓名或者官爵，能不能做个大印章，重复印制较多的字符呢？ 说来有趣，较多文字，或者较长篇幅文章的盖印式复制，是从道教刻符印咒开始的。 东晋时期，道教始盛，其金丹派专注烧丹制药，而符箓派着重于以法印符咒降魔除妖。 符箓派将较长的符咒刻在桃木或者枣木板上，有的长达一百多个字，印在带有颜色的纸上，

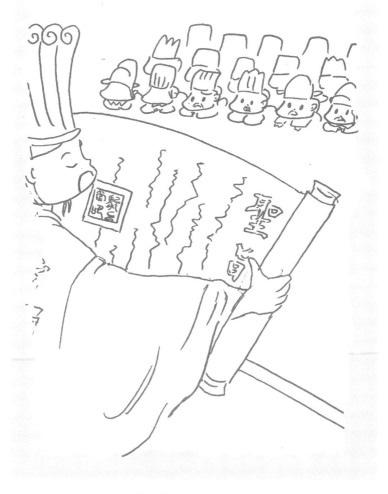

圣旨是圣言，玉玺如皇帝。

然后经道士念经做法，于是，这篇完整的符咒就具有了神功魔法。以印章复制图文大抵就此发扬光大。

小小的印章，可以拿在手上，去盖在纸张或者其他物件的表面上，即是将石上的字印在纸上；而一块大大的石碑、一件沉重的铜器，怎么将它们上面的字变到纸上，即如何将石碑、器具上的字印在纸上呢？不可能举着石碑、器具去就纸，而只能将纸贴在石碑、器具上取字。于是，拓碑，成为古时人们复制图文的又一种方法。

汉武帝时期，在"罢黜百家，独尊儒术"的思想指导下，人们专注于传授学习儒家经典。为了保证在传承中不出现差错，皇家立石碑，将重要的儒家经典刻在上面，作为标准范本，进而校正各类经书。即使对着石碑抄写，也会有写错的时候，而且一遍一遍地从石碑上抄录，那得耗费多么大的人力和多少时间呀。于是，聪明的古人在抄碑的实践中，发明了拓碑的方法。将一张非常有韧性的薄纸敷在石碑上，再蒙一张同样大小的吸水性较强的厚纸，用软毛刷以适当的力度边刷边挤按，使两层纸完全陷入凹痕，紧贴到

拓碑是一件特别有品位的事儿。

所有字迹的每一笔画，这时，揭去外面的那层厚纸，用棉絮或者丝絮做成的刷子蘸上墨汁，均匀地涂抹刷拍整张贴在碑上的薄纸，使凸起的地方着墨，凹入的地方不着墨，刷完晾干后揭下来，这样，便将碑上经文完整无误地以一张黑底白字的纸拓印了下来。

　　拓碑和印章，都是古时人们复制图文的好方法。所不同的是，印章便于移动，可以随时随地重复使用印章上刻的内容，但图文少；碑文字数多，可以一次性并且可多次复制大量图文，但不便移动。要是能将两者结合起来，那么刊书印字不就简单省事多了吗？古人不满足于拓印，又琢磨起新的法子来。

雕版印刷

雕版现唐朝，凸字印佛道。

单版印单色，复版有色调。

手工抄录，特别是对长文、书籍的抄录，是最原始的一种方法。 抄一本书要花费很长时间，那么要复制多本呢，要么就是多人抄一本，要么就是一人抄多本，非常费工费力。 虽然印章和拓碑实现了省力复制文字，但这个方法一次复制内容少，复制量也不多，因而，还是不能满足人们大量复制长文、书籍的要求。

印刷术

于是，人们想，如果将拓碑和印章结合起来，将刻章用的阳文、阴文正反字技术用在刻板上，将拓碑用的印制技术用在复制上，制成一种可以印制的版，是不是就可以实现同版多次复制了呢？ 不怕做不到，就怕想不到，古人尝试以这种新的想法印制书籍。 先用刷子蘸好墨，在雕好的板上均匀刷过，将一张白纸覆在板上，拿另一把干净的刷子在覆纸上轻刷，把纸揭下来，板上的墨就会着在纸上，一页黑底白字的书纸就印好了。一页书刻一块板，一块板印制一页，这样一页一页印好以后，装订成册，一本书就印制成功了。这种方法，先在木板上雕好字，然后辅以刷墨、刷纸，最后印制而成，人们便将它叫作"雕版印刷术"。

说起来，这个技术的发明，或者印制技术的改善，并没有以一时间产生轰动效应的方式出现，而是人们在不断改进生活资料与佛经道法的印制技术的过程中自然而然出现的。

雕版印刷首先用在印制老百姓日常所用的皇历上。老百姓的生活离不开皇历，再穷也要在墙上挂一本，或者在台子上摆一本。因为，皇历不仅印有日期，还印有节气、干支、纳音、合害、冲煞、星宿、方位、生肖、流年等吉凶宜忌事项，以及趋吉避凶的法则。于是，商家顺应社会需求，大做皇历印刷生意。当时，每年的新历书是要由中央司天台奏请皇帝同意后才颁布的，并且官方明令禁止私置日历版。但是，由于雕版印刷的发明，哪里还能挡得住民间私印，不待皇家颁布，旧年没完，新年的皇历早已满天

印刷术

雕版印刷术让书不再是当时的奢侈品。

飞了。

其次，雕版印刷大多用在印制经书上。古时，儒、道、佛是大多数人的精神寄托，于是经文法卷在当时大行其道、大有市场，商家同样看中这个大的发财机会，大量印制经书。经书的印制不像皇历那么简单，也明显要比皇历精细得多，因为不仅文字不能错，而且要印出精神和法气来，让人一看就不是俗物。如1900年在甘肃敦煌莫高窟千佛洞发现迄今为止世界上有确切日期的最早的印制本《金刚经》，末尾题款"咸通九年四月十五日王玠为二亲敬造普施"，即公元868年印制，就是一个精制的雕版印刷品。这本经书印制后，以卷书形式粘接而成，首页印的是释迦牟尼在祇树给孤独园的说法图，然后一页一页印的全是经文。从经书的图文可以看出，雕刻刀法细腻，图文印制精美，整卷书给人以浑朴凝重之感，显现出雕版印刷技术当时已相当纯熟。

雕版印刷的发明，大大改进了印刷技术，降低了印刷成本，实现了经济便捷、优质批量复制的目标，具有重要的历史价值，因而雕版印刷在印刷史上有"活

4 雕版印刷

印
刷
术

世界上最早雕版印刷的佛经——《金刚经》。

化石"之称。2009 年，雕版印刷技艺正式入选《世界人类非物质文化遗产代表作名录》。

随着社会的发展，虽然雕版印刷术满足了人们对印制品质量的需求，但是对印制本身来说，这件事情并不像看起来的那么简单。印刷品种不断增加，而每印一种书就要雕一回版，耗费的人力、物力、财力可想而知。这还不是最主要的问题。雕字过程中，难免雕错字，而一旦错一个字，就要重新来过，于是一整块板就浪费了，时间也浪费了，这才是印制中让人最头疼的事情。怎么才能克服这个问题，找到一种更简便、更经济的印刷技术呢？

活字印刷

活字印刷术，源起自中国。

儿童摆家家，毕昇忽醒觉。

胶泥制单字，不费雕版刻。

印制《大藏经》，几年变几月。

印刷术

雕版印刷术的发明，大大改变了印刷、复制文字书籍的历史，将社会文明向前推动了一大步。然而，雕板过程中最让人不能接受的事情就是，一旦刻错字，整块板就要废掉，需要重新刻字制版。后来，聪明的工匠们想出了一个办法，如果出现刻错的字，就用凿子从板上连同错字挖掉一个木块，然后用一块同样大小的木块刻好字补上去，使补字与板上的其他字完全成为一体，这样既省却了重刻的工夫，还省下了木板材料，取得了一举多得的好成效。

然而，雕板，还是一件很死板费劲的事情。印一张纸雕刻一块板，印一本书需要雕刻一套木板，费人工，费时间，有的书仅雕板刻字就需要几年的时间。而且，如果一本书只印一次，那么印后这些雕板也就没用了，就成了堆积的废品，造成极大的浪费。有没

印刷厂的工人最头疼的是"刻板"的刻板!

有什么好的方法，能制一种雕板，既省时又省力，还不造成浪费呢？那个时代，但凡搞印刷的人，都在想这个问题。

毕昇，一个印刷作坊的工人，总结历代雕版印刷经验，结合自己的实践，经过反复试验，发明了胶泥活字印刷术，完成了印刷史上一次突破性的伟大革命。

毕昇不怕累、不怕脏，非常能吃苦耐劳，他多年在印刷工场干活，刻板排字，覆版印刷，装订书稿，丢弃雕板，这一系列工作流程没有人比他更熟练的了。但每当丢弃雕板时，都是毕昇最心痛的时刻，那些花了他九牛二虎之力才雕刻出来的板，用几次就当废品丢掉了，实在太可惜。毕昇还发现一个现象，那些丢掉的雕板中大量刻过的字，下一本书里大量出现，又得重新刻过。怎么才能不浪费这些木板，或者重复利用这些字呢？如果可以，不是既节省了木板，也不用多遍重复刻字了吗？毕昇常常思考这个问题，也总与工友伙计们提及，而大家都不以为然，都劝他少操心多干活。

毕昇从孩童们的游戏中想到了"活字"。

生活总是不会辜负有心人。 改进印刷术这件事，一直是萦绕在毕昇脑海里的一个梦想。 这年清明节前，毕昇带着妻儿老小回家祭祖。 毕昇的两个儿子还小，到了乡下，与乡里的孩子们玩泥巴好开心。 他们用泥巴做成锅、碗、瓢、盆、桌子、椅子，还有人物，并把这些物件摆来摆去"过家家"，不断变换场景，孩子们眼中的"生活"是那么有趣生动。 在旁边观看孩子们玩耍的毕昇忽然想到，要是把木板上刻字，改成在泥巴块上刻字，然后把这些泥巴字按照书稿上的文字顺序排列起来拼成一页纸的版，不是同样可以印刷吗？ 而如果印另外一本书时，因为这些泥巴字是活动的，同样的字不是可以拿出来拼在另一本书的版上了吗？

想到了就做。 毕昇回到工场，即与师傅、伙计们共同试验起来。 他们选用胶泥做块刻字，做成规格一致的单字泥块，将泥块晾干烧熟，这样一个成品泥块字就制成了。 由于有些常用字在同一版内可能会出现多次，所以常用字就做好几个甚至几十个以备同一版内重复时使用，最后对照文稿排列做好的泥块字，偶

每个字都做成"活的"再拼起来，从此印万卷书不成问题。

尔遇到事先没有做好的冷僻字，则随制随用。 结果这一试验大获成功，胶泥活字排版印刷术就此诞生。

胶泥活字印刷术一经发明，就在社会上引起了极大反响，因为活字印刷术不仅便于操作，而且极大地节省了人力、物力、财力。 一位同是做印刷的伙计帮毕昇算了一下： 一部《大藏经》约有五千卷，如果雕板刻字，要雕刻十三万多块木板，得花好几年心血才能刻完，而且这些雕板一大间屋子还装不下。 而使用活字印刷术，只需几个月就完成了。

毕昇活字印刷术的发明，是印刷史上的一项重大革命，它既将中国的印刷技术提高了一大步，同时又极大地推进了社会文明的进程。

印刷术

6

技术传播

中国有胸襟，素谋世大同。

发明印刷术，全球用与共。

印
刷
术

　　任何一项技术的革新和推广，都有一个过程，有的甚至会很漫长。 毕昇发明的活字印刷术就是这样。虽然活字印刷术在活字材料、排版及制作工艺上做了改进，也大大解决了存放的问题，可以说活字印刷术的工艺已经十分成熟，但是从北宋庆历年间毕昇发明活字印刷术以来的很长一段时间里，其应用并不乐观，人们还大多选择雕版印刷，直到明末清初，活字印刷才完全推广使用开来。 清初，木活字印刷在政府支持下开始广泛应用，其后几经改良、推广，成为社会上主要的印刷技术。

　　这么好的一项发明，为什么要那么长时间才被人们普遍接受呢？ 原来，问题出在使用习惯和对文化的推崇上。 雕版印刷虽然有刻板费工费料和存放问题，但是雕版印刷历史悠久，人们已经习惯了用好的老东西；而新的活字印刷虽然工艺新，但是排版用字数量大，不仅刻字量多，而且重复字要刻制一致不容易，并且用不同材质刻字，投资也不一样，如果用金属造字，投资更大，一般小作坊根本投资不起，那些印数少的书，大作坊也因成本高而不愿意以活字印刷接活。另外，雕版印刷可以很轻易地实现书法图画艺术的印制，而活字印刷却做不到，活字印刷一般只能用一种固定的字体印制，当时的印书者和购书者对书籍的文化承载的选择，导致印刷商家选择雕版印刷多而选择活字印刷少。

然而，印刷术在国外的传播却与在中国传播的情况大不一样。甚至，印刷术虽然源自中国，但是现代印刷术却由西方再传入中国，这也成为我们谈起中国四大发明时的一个尴尬。

活字印刷术发明后，国外最先的受益者是我国的近邻朝鲜。朝鲜由于紧邻中国，但凡中国有什么发明创造，首先的传播地一般都有朝鲜。朝鲜学习活字印刷术，是在元朝统治者征服朝鲜后，民间的经济、文化、技术交流频繁，活字印刷也自然传入朝鲜。朝鲜

活字

雕版

活字印刷源于宋代，却未兴于宋代。

文献记载"活板之法始于沈括",而沈括《梦溪笔谈》是最早也是最详实记录毕昇活字印刷术的典籍，由此可以认定，朝鲜的活字印刷术源自毕昇的发明。之后，日本也在中国及朝鲜的影响下，开始使用活字印刷。这些国家不仅使用活字，而且尝试多种活字材质，改进铸字方法，改良活字印刷。

活字印刷术传入西方，是阿拉伯商人和欧洲商人的功劳，他们将中国采用活字法印刷的书由新疆经波斯、埃及带入西方，西方人便通过翻译中国书籍，知晓了中国的活字印刷方法，并开始研究使用活字印刷术。其中，德国人约翰内斯·古腾堡推进了活字印刷在欧洲的传播，并且促进了印刷的工业化进程。

公元 1450 年前后，约翰内斯·古腾堡受中国活字印刷术的影响，创建了欧洲版的活字印刷术。他改进了活字材料，开发使用凸起的活字，应用脂肪性油墨印刷，甚至连印刷机的制造都进行了大胆改革，他的研究和尝试均获得了极大的成功。他研究用铅合金制造字母活字，并建立了一套字母库，印刷了著名的《古腾堡圣经》和其他著名书籍。在印经的过程中，

印刷术

墙内开花墙外香,德国人古腾堡将活字
印刷工业化,成了现代印刷术的创始人。

古腾堡认识到，印刷术讲求的是大量生产，否则印刷一本书和手抄一本书不会有太大的区别。于是一套完整而高效的量产化印刷流程，在古腾堡的思想推动和多次尝试中成型。

使用印刷性能好的铅、锡等合金材料做活字，使用易控制活字规格的字盒和字模，使用脂肪性油墨以及印刷机，然后以高效的流程印刷出同品质的书，这些都是毕昇当时没有想到和做到的事情，而古腾堡借由这些大大推进了印刷术的发展进程，从而奠定了现代印刷术的基础。古腾堡的活字印刷术很快在欧洲得到普及应用，并为欧洲文艺复兴运动做出了极大的贡献。各国学者公认，古腾堡的活字印刷术对世界知识的传播、文明的演进，做出了不可磨灭的贡献，因此称古腾堡为现代印刷术的创始人。

大约一个世纪后，活字印刷术回传到亚洲。1590年，活字印刷术，这项由中国发明，辗转欧亚各国并由各国不断改良发展的古老技术，以新的面貌和新的功能回到中国，唤起了中国印刷术的大发展和再创新。

7

活字演变

毕昇造字用胶泥，后人尝试木铜锡。

古腾堡制铅合金，中国木字按韵取。

印
刷
术

毕昇发明活字印刷术，是采用活字印刷的开端，是印刷历史上的划时代革新。当时，毕昇用胶泥作为刻制活字的材料，其后，随着印刷术的发展，人们不断探索使用各种材料刻制活字，铅活字、锡活字、木活字、铜活字、铁活字、铝活字、陶活字等，都曾是人们为改良印刷效果而进行的多种尝试。

其中，德国人约翰内斯·古腾堡于十五世纪五十年代创制的铅合金活字，一度风靡欧洲，为推动欧洲文明做出了极大贡献。而在中国，从泥活字到木活字，再到当代的激光照排，可以说，中国人对印刷术的探索从来没有间断过，中国的印刷术一直朝着适合中国的文化需求而发展着。

毕昇发明活字印刷后，对采用泥还是木头来做活字，或者用其他材料，是进行过深入研究和尝试的，特别是在泥与木头的选择上。经过试验毕昇发现，木材因有纹理，且疏密不一，遇水后容易膨胀而变形，在制版过程中，因木头与粘药的黏合性较强，也不易拆版、换字，于是他最终选择了胶泥。然而，用遍地生长、随处可见的木头作为活字材料，一直是人们孜孜以求的一个想望。

王祯，元代发明家，他让木活字印刷术跃上历史舞台。王祯经过思索和研究，规避了木头作为活字的缺点，采用新的方法制成木活字，使得以木活字印刷书籍成为元代以后的印刷主流之一。王祯的木活字印刷方法如下：在木板上刻好阳文反字之后，锯成单字，用刀修齐，统一大小高低，然后排字，行间隔以竹片，排满一版框，用小竹片垫平并塞紧后涂墨铺纸刷印。

当时，王祯先后在安徽旌德和江西永丰任县官，主政期间，非常注重农业生产，不仅推行农作物种植改革，而且亲自实践研究，撰写了总结中国农业生产经验并在全国范围内对整个农业进行系统研究的巨著《农书》。《农书》约十三万字，字数多，体量大。

印
刷
术

元代王祯将活字技术带入"木活字"时代。

为了印制好该书，王祯精心创意，让工匠按照他的方法刻制了三万多个木活字，然后用活字排印的方法印刷出来。 更为难能可贵的是，王祯将《农书》制作过程中如何刻制木活字、如何制版、如何印刷，以及他设计的转轮排字盘和按韵分类存字法等，都完整清楚地记录了下来，并在《农书》最后的附录中介绍了造活字印书法。 于是，王祯《农书》不仅是对中国古代农业的记录和经验总结，同时也成为中国印刷史上的一份珍贵文献。

王祯的木活字法"以字就人，按韵取字"，提高了排字效率，减轻了排字工的工作量，比起毕昇的泥活字法，又前进了一大步，成为印刷术上的一个新创举。 随着元代版图扩张，东西方和国内各民族间的经济文化交流频繁，木活字印刷术得到广泛流传。 西方人曾经说，"中国人发明了方块字的活字印刷，欧洲人发明了字母活字印刷"。 然而，经过对中外文献研究、考证以及相关物证可知，中国的活字印刷术发明后，中国各民族都以活字法刻制民族文书典籍，回鹘民族早在十三世纪就开始应用字母木活字，既是中国

印刷术

清代的活字印刷厂正紧锣密鼓印制中，神书《四库全书》即将出版。

发明字母活字的证明，也是少数民族传播、发展木活字的证明。

到了清代，木活字得到政府支持而大力发展，开启了大规模使用木活字印书的时代。其中，规模最大的两次木活字印刷是，康熙年间政府组织刻制十五万余个木活字印制《四库全书》，乾隆年间政府组织刻制二十五万余个木活字印制《武英殿聚珍版丛书》。

在泥活字、木活字法大量使用的同时，铅活字、锡活字、铜活字等也有广泛的应用，活字印刷术在自身不断变革的同时，积极推动了文化发展和文明进程。

活字发展

刻石刻碑画写意，漏纹玺章映古迹。

胶泥木金铜和锡，雕版印制有魅力。

手工活字曾风靡，引领世界印坊记。

机器印制正适宜，数字信息又举旗。

印刷术

　　人类发展到今天，经历了漫长的时间。 历史学家将人类的发展史划分为十个时代，分别是石器时代、红铜时代、青铜时代、铁器时代、黑暗时代、启蒙时代、蒸汽时代、电气时代、原子时代、信息时代。 石器时代可能并不是人类的开端，而信息时代也一定不是人类的终结，人类还会继续向前发展。 从以石器为工具的原始简单，到以电脑和网络为媒介的先进复杂，人类社会都以革命性的创新实践实现了时代的大跃迁。 印刷术，这个古老的传统技艺，承续到信息时代，面临质量与效率的时代之考，不得不寻求生存突破与技术升格。

　　从毕昇发明活字印刷术起，印刷业就是推动社会文明进步的主力军之一，印制文化，刷新时代，印刷术做出了不可磨灭的贡献。 然而，直至蒸汽时代以

如果说书籍是人类进步的阶梯，那么该
阶梯的首席工程师——毕昇，功不可没！

前，人类印刷一直采用的都是雕版、活字手工印刷技术。 1845 年，德国在传承发扬谷腾堡印刷技术的基础上，制造了世界上第一台工业时代意义上的快速印刷机，开启了印刷术的机械化先河。 其后的百年时间里，各工业发达国家相继研制出双色快速印刷机、转轮印刷机，世界进入了印刷业的机械化时代。

印刷的最后环节改为机器，显然大大提高了印刷的效率。 然而刻字、选字、制版等，还是要靠手工操作，还离不开铁与火的配合。 而这种操作依然费工费时，与信息时代更高效率更高质量的要求，逐渐显现出极大的尴尬与不适。

印刷术

1946 年 2 月 14 日，世界上第一台电脑 ENIAC 诞生，世界因此一下子加快了发展的速度。 起初，电脑主要用来承担重大的科学研究、国防尖端技术和国民经济领域的大型计算及数据处理，随着电脑技术的发展，后来实现了在电脑上进行图文处理的功能，这让写文、记事、编排材料从原来只能在纸面上的纯手工操作，变成了可以在电脑中进行的电子化操作。 于是，印刷术在电子技术、激光技术、信息科学以及高

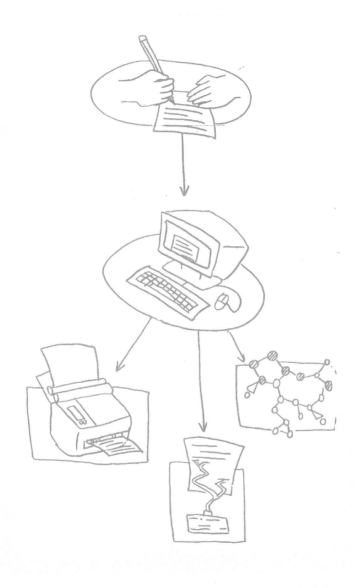

从印刷到打印，人类前进的步伐越来越快，步长越来越大！

分子化学等多重先进科学技术的加持中，焕发了新的生机与活力。

二十世纪五十年代以来，印刷业又迎来了新一轮革命性发展。感光树脂材料的应用，用分色扫描机对彩色图文进行数据化复制，用新的激光照排工艺处理文字信息实现整页规范化排版等一系列新技术的使用，使印刷术彻底颠覆了手工操作，文字排版技术进入了"数字活字"时代。特别是二十世纪九十年代以来，随着计算机彩色桌面出版系统的应用，印刷术也实现了根本变革，从铁与火的手工制版的旧时代，跨入了以数字信息技术排版，以高性能机器印刷的新时代。

当代毕昇

中国纸，中国字，活字印刷毕昇术，千年常青驻。

激光扫，精密照，汉字排版王选招，当代又越超。

中国实现激光照排处理汉字信息，以自主创新的技术跟上世界印刷术发展的潮流，得益于"当代毕昇"——王选。

王选，二十世纪三十年代出生于上海，读书时期品学兼优，大学时主攻计算数学专业，这为他以后研究汉字激光照排系统奠定了良好的基础。工作后的王选，主要致力于研究文字、图形、图像的计算机处理。

1974 年 8 月，为了改变我国印刷行业的落后面貌，解决汉字的计算机信息处理问题，在周恩来总理的部署下，原四机部（电子工业部）、原一机部（机械工业部）、中国科学院、新华社等机构联合发起，设立了国家重点科技攻关项目"汉字信息处理系统工程"，简称"748"工程。

1975 年春天，王选的夫人陈堃銶偶然获悉"748"工程，将工程概况告诉了王选，王选一下子就认准了"汉字精密照排"项目，主动请战并立即展开了研究。

实现汉字精密照排，简单地说要克服两个根本性问题：汉字的存储和汉字字形的信息还原输出。

王选通过深入研究发现，用电脑对汉字处理时，将汉字横、竖、折等直线形式的规则笔画用参数表示，将撇、斜钩、竖弯钩等曲线形式的不规则笔画用轮廓表示，这样"定格"一个汉字，将汉字信息压缩，使汉字发生大小变化时，笔画也跟着按比例匀称变化，但汉字本身不走样、不变形，可以实现高质量输出。这就是王选首先发明的汉字信息"参数描述法"，而这个方法技术大约领先西方国家十年时间。

以参数描述压缩汉字信息，解决了汉字存储问题。但是，如何将这些汉字变成"活字"在电脑中制版，使其能适应激光逐行扫描进而输出印刷呢？王选研究设计出一种超大规模专用芯片——光栅图像处理

9 当代毕昇

印刷术

当翻过汉字精密照排的两座技术"高山"后，"参数描述法"使我国又一次站在了该领域的山顶！

器，实现了对汉字的高保真倍数变化和高速还原轻松操作。

王选曾说："要么不干，要干就干第一流。"1979年，王选用几经辛劳而制成的激光照排样机进行了"表演"。从电脑到底片，"汉字信息处理"六个字按照预设信息显现在大家眼前，大大小小，排列有致。时任国务院副总理方毅看完"表演"，当场挥笔题字：这是可喜的成就，印刷术从铅与火的时代，过渡到计算机与激光的时代。

1980年初，中国的激光照排系统几经改进、完善，又有了很大进步，并用这种数字化的压缩技术印制了第一本书《伍豪之剑》。伍豪是周恩来总理在革命时期用过的化名，伍豪之剑是讲述周恩来总理在革命年代领导中央特科开展艰苦卓绝斗争的历史，而"748"工程又是周恩来总理批准立项的，周恩来总理一直关注并支持着我国激光照排事业的发展。因而，《伍豪之剑》这本中国印刷史上第一本不用铅火排印的书稿，又一次有了划时代的意义，改写了中国的印刷历史。

9
当代毕昇

印刷术

中国激光照排系统的第一本成书
《伍豪之剑》，当代毕昇，功不可没！

1987 年，中国研制出的第四代激光照排机进入实用化。 激光照排技术的应用使中国沿用近千年的活字印刷术实现了革命性的突破，中国开启了现代印刷术的新纪元。 古有毕昇，今有王选。 人们将王选称为"激光照排之父""当代毕昇"，赞誉他为中国印刷术做出的巨大贡献。

结束语

镌石漏纹拓碑，

复制远古生活。

阴阳雕版做成模，

皇历佛经叠摞。

刻坏一字更板，

返工费料不薄。

毕昇发明泥活字，

印刷古文今说。